Duden

Logelei Mathematik 3

Entdecken, erforschen und erklären

Herausgegeben von
Joachim Becherer

Erarbeitet von
Joachim Becherer, Martin Gmeiner,
Hans J. Huschens, Christel Schienagel-Delb,
Mechthild Schmitz, Petra Tannert und Heike Wadehn

DUDEN PAETEC Schulbuchverlag
Berlin, Frankfurt a. M.

Inhaltsverzeichnis

- Aufgaben mit erhöhtem Schwierigkeitsgrad
- Partnerarbeit
- Differenzierung innerhalb einer Aufgabe
- Aufgaben sollen im Heft gelöst werden

Zahlenfolgen

1 Die Zahlenfolgen sind nach einer bestimmten Regel aufgebaut. Notiere die Regel mithilfe der Pfeile und setze die Folgen fort.

a) 5 → +6 → 11 → 17 → 23 → 29 → …

b) 99 → 90 → 81 → 72 → 63 → …

2 Notiere auch hier die Regel mithilfe der Pfeile und setze die Folgen fort.

a) 5 → 6 → 8 → 11 → 15 → 20 → 26 → …

b) 7 → 9 → 11 → 8 → 10 → 12 → 9 → …

3 Welche Zahlen und Rechenzeichen passen hier? Setze die Folgen fort.

a) 3 → 6 → 12 → 24 → …

b) 10 → 8 → 16 → 14 → 28 → 26 → …

4 Vervollständige die Tabelle.

	2 · 2						
	4						

a) Die Zahlen dieser Folge heißen Quadratzahlen. Findest du eine Begründung dafür?

b) Wie heißt die 20. Quadratzahl? Rechne geschickt. ______________________

c) Fülle aus. Du siehst auf den Pfeilen die Reihe der ______________ Zahlen.

1 → 4 → 9 → 16 → 25 → 36 → 49 → …

Die Hundertertafel

1

1	2	3	4	5	6	7	8	9	10
11	12	13	14	15	16	17	18	19	20
21	22	23	24	25	26	27	28	29	30
31	32	33	34	35	36	37	38	39	40
41	42	43	44	45	46	47	48	49	50
51	52	53	54	55	56	57	58	59	60
61	62	63	64	65	66	67	68	69	70
71	72	73	74	75	76	77	78	79	80
81	82	83	84	85	86	87	88	89	90
91	92	93	94	95	96	97	98	99	100

Berechne die Summe der Zahlen in den rot umrahmten Feldern:

waagrecht (→): ____________________

senkrecht (↓): ____________________

Was fällt dir auf?

____

____

____

____

____

____

____

2 Wähle nun andere „Kreuzausschnitte" aus der Hundertertafel und rechne weitere Beispiele wie in Aufgabe 1.

Die Hundertertafel

1 a) Betrachte deine Zahlenkreuze. Vergleiche jeweils die Zahl in der Mitte mit der jeweiligen Summe.

b) Kannst du das erklären?

	15	
24	25	26
	35	

2 a) Wie groß ist die Summe der Zahlen 32, 33, 34?

b) Kannst du das Ergebnis durch eine Malaufgabe bestimmen?

3 Welche drei in der Hundertertafel nebeneinanderliegenden Zahlen haben die Summe 66?
Beschreibe, wie du rechnest.

Zuerst die Zahl in der Mitte ...

4 Welche drei in der Hundertertafel untereinanderliegenden Zahlen ergeben zusammen 120?

5 Finde zu den Summen die passenden Ausschnitte aus der Hundertertafel:

a) Summe 36

b) Summe 27

c) Summe 126

d) Summe 225

e) Summe 90

f) Summe 36

g) Summe 153

h) Summe 189

6 Findest du drei aufeinander folgende Zahlen mit der Summe 100?
Begründe.

Addieren und subtrahieren

1 Bilde Aufgabenpaare und rechne. Rechne zuerst die leichtere Aufgabe.

a)

32 + 49 = ____
31 + 50 = ____

166 + 98 = ____
164 + 100 = ____

188 + 85 = ____
200 + 73 = ____

351 + 349 = ____
____

613 + 276 = ____
600 + ____ = ____

375 + 175 = ____
400 + ____ = ____

b) Was fällt dir auf? Beschreibe.

____

c) Bilde leichte und schwere Plusaufgaben mit dem Ergebnis 664. Die beiden Summanden sollen nahe beieinander liegen.

1. Summand	2. Summand	Summe
		664
332		

d) Bilde Plusaufgaben mit dem Ergebnis 412. Die Summanden sollen sich um 6, 10, 12, 20 unterscheiden.

1. Summand	2. Summand	Summe

2 Bilde Aufgabenpaare und rechne. Rechne zuerst die leichtere Aufgabe.

a)

230 − 90 = ____
240 − 100 = ____

51 − 26 = ____
50 − 25 = ____

530 − 170 = ____
500 − 140 = ____

632 − 197 = ____
635 − ____ = ____

740 − 95 = ____
745 − 100 = ____

720 − 370 = ____
____

b) Was fällt dir auf? Beschreibe.

____

c) Bilde leichte und schwere Minusaufgaben zum Ergebnis 275. Fülle die Lücken aus.

1. Zahl	2. Zahl	Differenz
800		275
	515	
801		

d) Suche zu jedem Aufgabenpaar eine leichtere Minusaufgabe und rechne.

605 − 478 = ____
____ = ____

796 − 341 = ____
____ = ____

512 − 242 = ____
____ = ____

841 − 385 = ____
____ = ____

3 Kreuze die richtigen Aussagen an.

a) Die Differenz aus 904 und 878 ist gleich der Differenz aus 900 und 874. ☐

b) Aus der schwierigen Aufgabe 296 plus 387 mache ich 300 plus 391. Das Ergebnis bleibt gleich. ☐

c) Wenn ich bei einer Subtraktionsaufgabe beide Zahlen um die gleiche Zahl verkleinere (vergrößere), bleibt das Ergebnis gleich. ☐

Denken und malen

1 Die Figuren sollen mit Farben ausgemalt werden. Gleiche Farben dürfen sich nur in einem Punkt berühren. Benachbarte Flächen müssen andere Farben haben. Verwende möglichst wenige Buntstifte.

a)

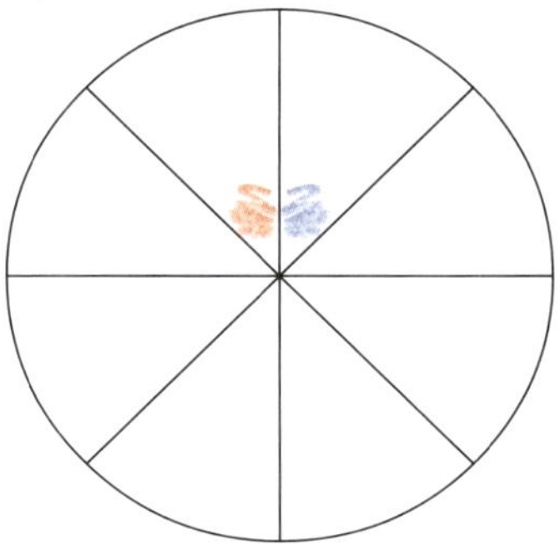

Anzahl der Farben ___

b)

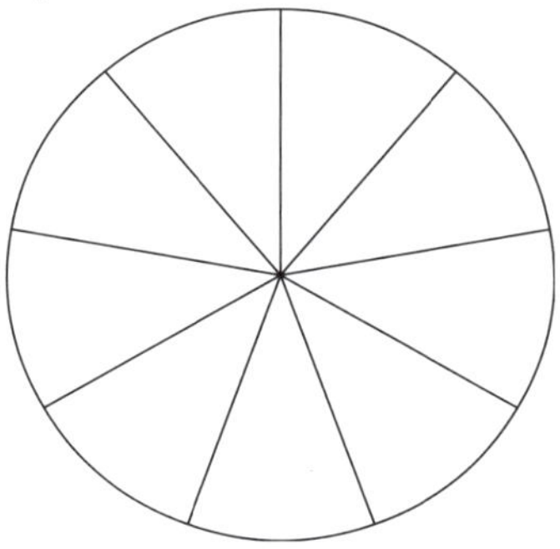

Anzahl der Farben ___

c)

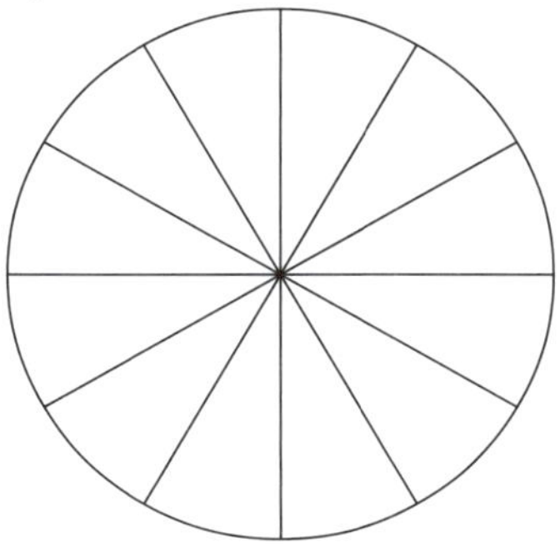

Anzahl der Farben ___

Was stellst du fest? ______________________________

____

2 Male die Figuren wie oben aus. Damit du Fehler leichter verbessern kannst, trage zuerst mit Bleistift **g** für grün, **r** für rot, **b** für blau ... ein. Male erst danach bunt an. Verwende möglichst wenige, verschiedene Farben.

a)

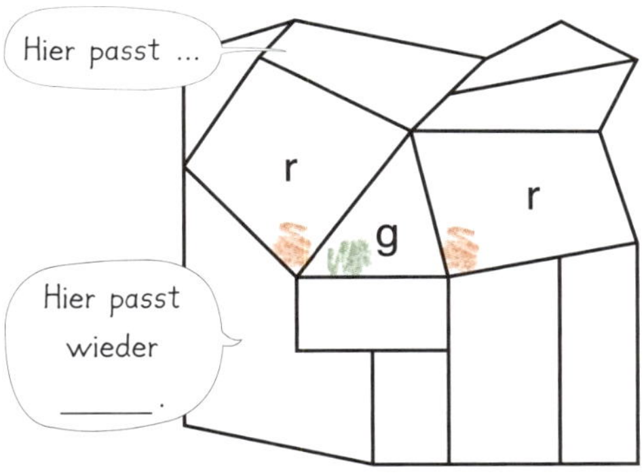

Anzahl der Farben ____

b) Male dieses Muster mit 3 Farben aus.

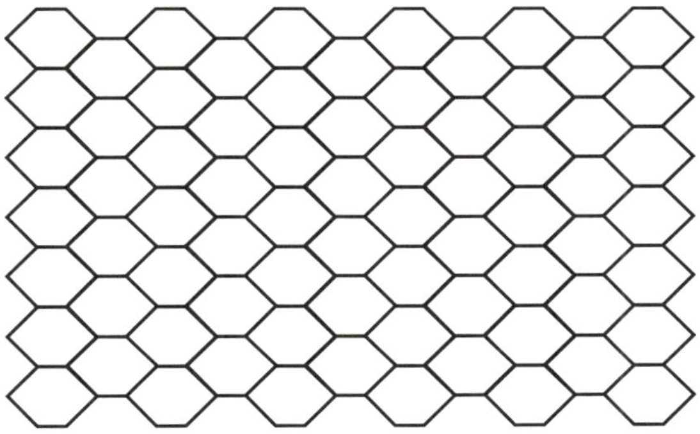

3 Wie viele Farben benötigst du hier?

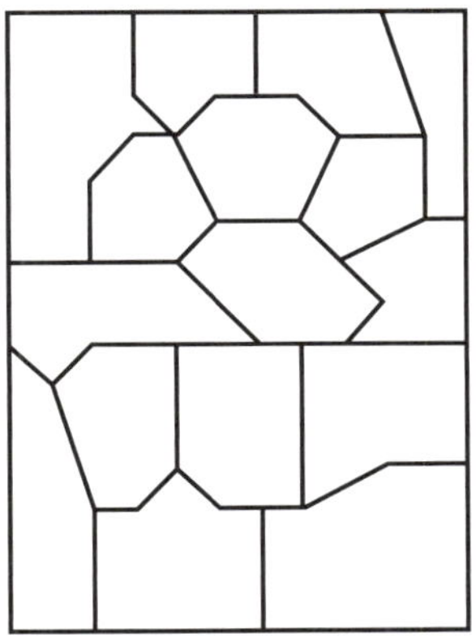

____

4 Kannst du diese Figur mit nur 4 Farben ausmalen?

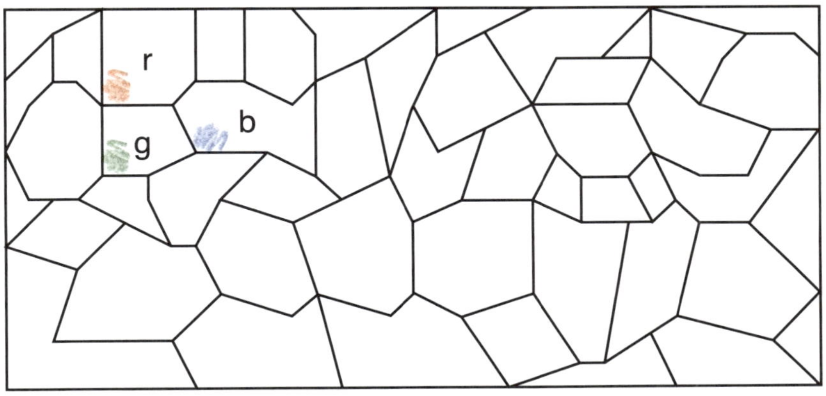

Skizzen als Lösungshilfe

1 Paul will für seine Rennmäuse eine Kletterlandschaft bauen. In der Garage findet er einen 90 cm langen Balken und ein biegsames Rohr. Den Balken sägt er in vier Teile, um eine Treppe zu bauen.

Wie muss Paul den Balken zersägen, damit kein Abfall übrig bleibt?

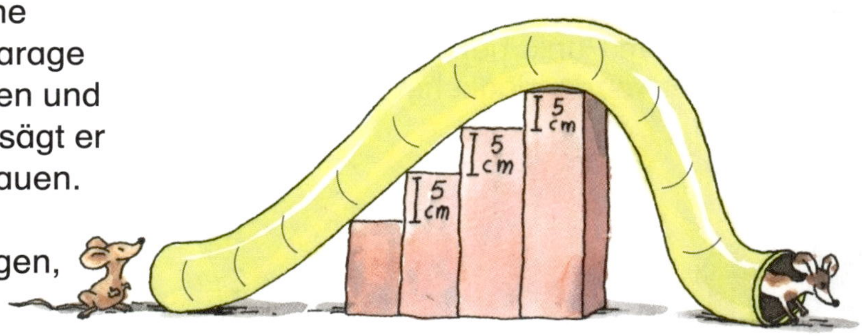

Länge der Balkenstücke: ______ cm ______ cm ______ cm ______ cm

2 Auch Eva hat Aufgabe 1 gerechnet. Vervollständige ihre Rechnung. Färbe in der Skizze passend ein.

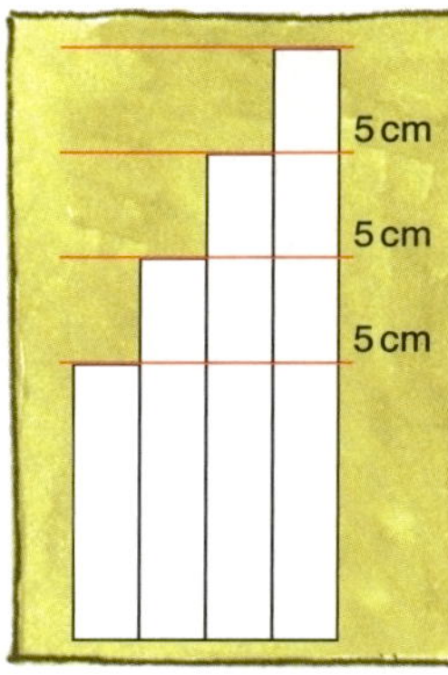

5 + 10 + 15 = ____

90 – 30 = ____

60 : ___ = ____

3 Oma kommt zu Besuch und schenkt Anna, Stephan, Andreas und Lisa zusammen 90 €. Das Geld sollen sie so unter sich aufteilen, dass der Ältere jeweils 5 € mehr bekommt.

Anna, 18 Jahre | Stephan, 15 Jahre | Andreas, 12 Jahre | Lisa, 9 Jahre

______ € ______ € ______ € ______ €

4 Verteile 100 Liter. Im nächstfolgenden Fass sollen immer 5 Liter mehr sein.

____ l ____ l ____ l ____ l ____ l

5 Es werden 4 Zahlen gesucht. Addiert man alle 4 Zahlen, erhält man 66. Jede Zahl ist um 3 größer als ihr Vorgänger.

Lösung: ☐ ☐ ☐ ☐

Skizzen als Lösungshilfe

1 Der Schulhof ist an der Seite zur Straße hin durch einen Zaun geschützt. In den Ferien wird der alte Holzzaun auf einer Länge von 36 Metern durch einen neuen ersetzt. Die neuen Pfosten haben jeweils 3 m Abstand. Wie viele Pfosten benötigt man?

Antwort: ______________________________

2 Ein 24 m langer Baumstamm wird in gleich lange Stücke zersägt. Fülle aus.

Anzahl der Schnitte	1	2	3	5	7	11
Anzahl der Stücke						
Länge der Stücke						

3 Die Schüler der Klasse 3 machen sich Gedanken zu ihrer Klassenfahrt.

Wochentage	Anzahl der Tage	Anzahl der Übernachtungen	Kosten pro Kind
Mo – Di			
Mo – Mi			
Mo – Do			

4 Alina arbeitet gerne mit Skizzen. Welche Skizze hat sie für welche Aufgabe gemacht?

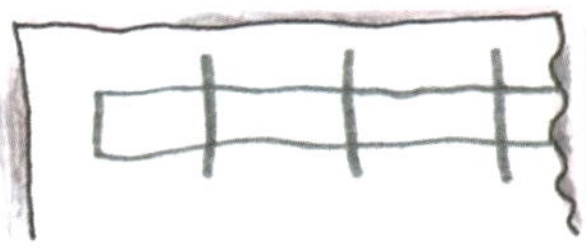

Nr.

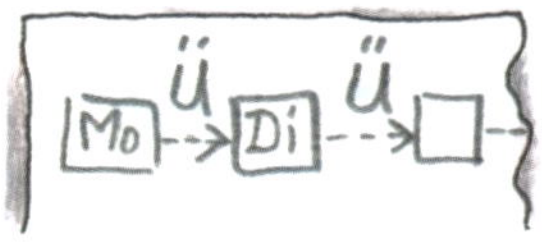

Nr.

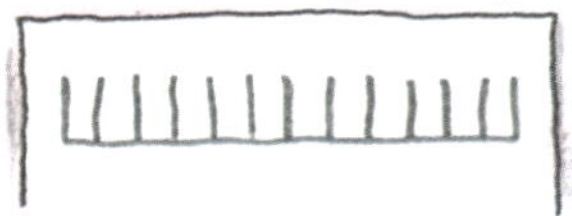

Nr.

5 

Erfinde eine Aufgabe, die zu dieser Skizze passt.

Tabellen als Lösungshilfe

1 Im gelben Behälter sind 76 l Wasser, im roten 54 l. Wie viele Liter muss man aus dem gelben in den roten Behälter umfüllen, damit in beiden gleich viel Wasser ist?

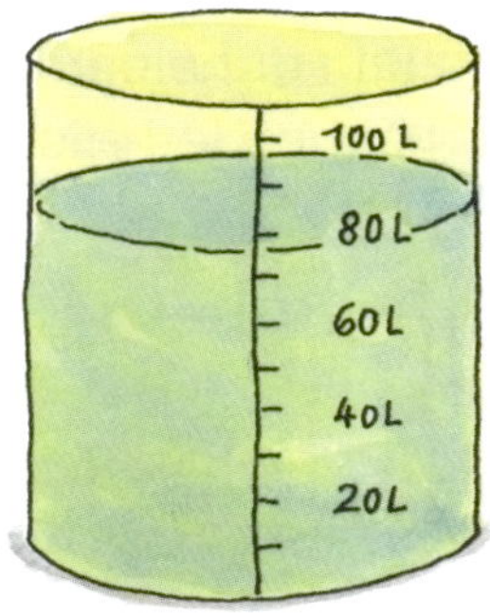

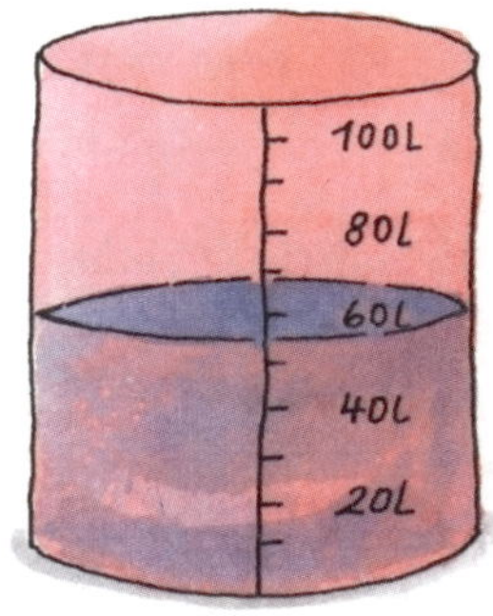

2 Ein Sack wiegt 760 g, der andere 540 g.

a) Bringe die Waage durch schrittweises Umfüllen ins Gleichgewicht.

Gewicht von Sack A	Gewicht von Sack B	Gewicht insgesamt
760 g	540 g	
700 g		

b) Betrachte die Tabelle. Was fällt dir auf?

____

____

3 Ermittle das Gewicht von Packung A und Packung C mithilfe der Tabelle.

A B C

A ist 85 g leichter als B.
C ist 85 g schwerer als B.

Gewicht Packung A	Gewicht Packung B	Gewicht Packung C	Gewicht insgesamt
			1800 g
			3000 g
			1500 g

4

a) Berechne das Gesamtgewicht. __________

b) Wie viel würde eine Packung wiegen, wenn alle gleich schwer wären? __________

5 Lena, Erik und Ole haben zusammen 150 € gespart. Lena hat 20 € mehr als Ole, Ole hat 10 € weniger als Erik.

Lena	Erik	Ole	Summe

6 Max, Laura und Julia haben zusammen 180 € gespart. Laura hat 30 € weniger als Max. Julia hat 15 € mehr als Laura.

Max	Laura	Julia	Summe

Längen, Zeit

1 Für eine Strecke von 50 cm benötigt eine Schnecke 1 Minute.
Wie viel Zeit benötigt sie für eine Strecke von 5 m?

2 Fülle die Tabelle aus. Gehe möglichst geschickt vor.

Schwalbe 20 m pro s

Fliege 2 m pro s

Biene 4 m pro s

Storch 12,50 m pro s

zurückgelegte Strecke	Flugzeiten			
	Schwalbe	Fliege	Biene	Storch
100 m				
500 m				
1000 m				

3 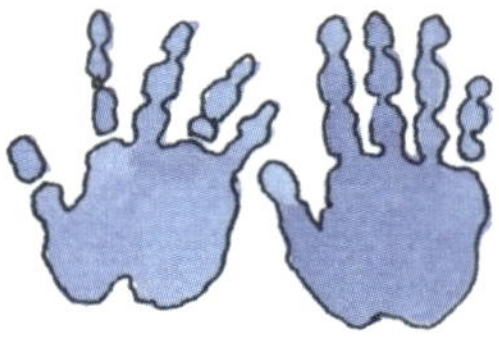

Wie viel Platz braucht man ungefähr, um die Handabdrücke einer Schulklasse nebeneinander aufzuhängen?

4 Wie hoch ist diese Fichte ungefähr? Überlege, welche Informationen du dem Bild entnehmen kannst.

5 

Wie viel Zeit verbringst du ungefähr im Monat mit Zähne putzen? Rechne im Heft.

Gewichte, Hohlmaße

1 Diese Kinder sind nach ihrem Körpergewicht geordnet. Finde die Namen heraus.

Ben wiegt mehr als Fara.	Erik ist leichter als Doro.	Ali ist leichter als Fara.
Doro ist leichter als Fara.	Ali ist schwerer als Doro.	Cera wiegt am wenigsten.

2

Gewicht: ______ ______ ______ ______

3 Ordne nach dem Gewicht.

4

Einer dieser Würfel ist ein bisschen schwerer als die anderen.
Du hast eine Balkenwaage und darfst genau einmal wiegen.
Wie kannst du den schwereren Würfel herausfinden?

5 Wie viele Wassertropfen passen in eine 1-l-Flasche?

Würfelbauten

1 Verbinde jeweils zwei Würfelbauten so, dass sie zusammengefügt einen großen Würfel ergeben.

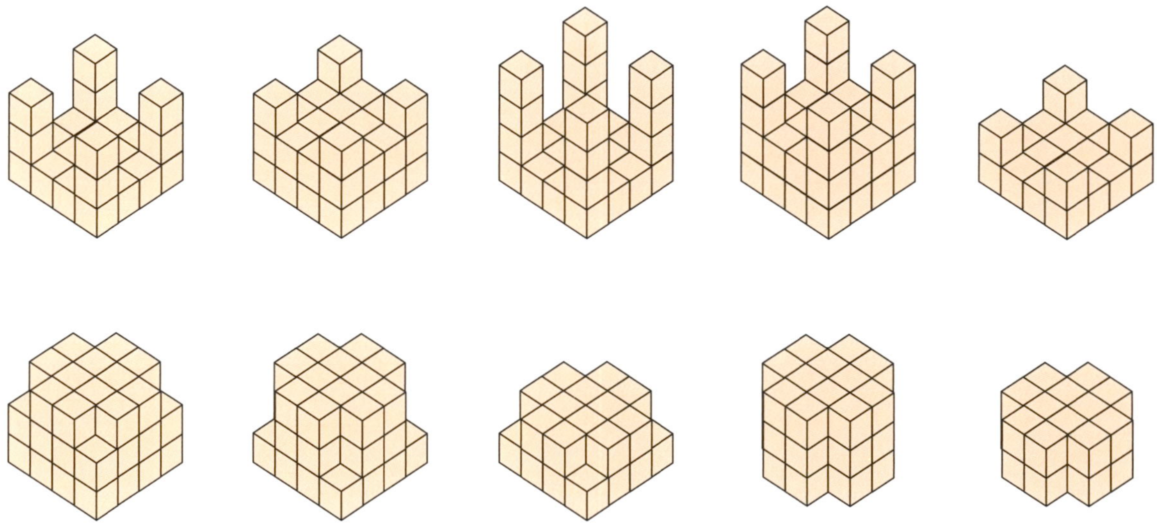

2 Welche Gebäude ergeben zusammen einen großen Würfel?
Verbinde die zusammengehörenden Teile.

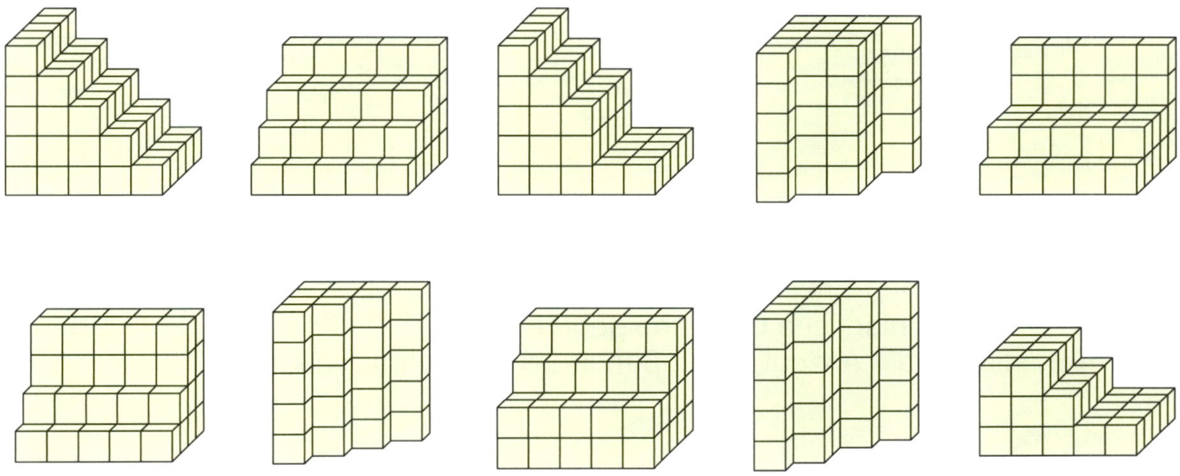

3 Ergänze die Pläne so, dass deren Gebäude zusammen einen großen Würfel ergeben.

a)

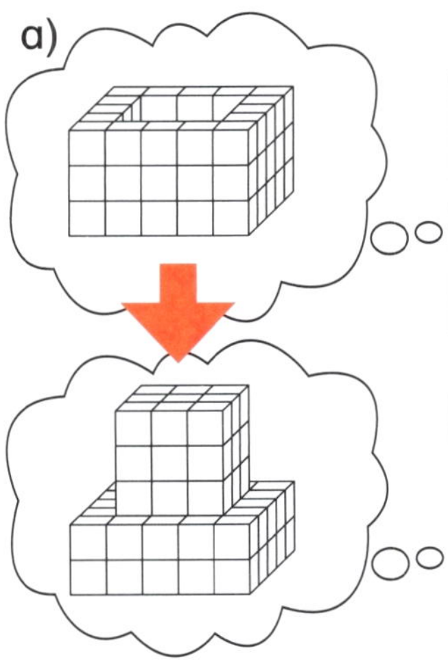

3	3	3	3	3
3	0	0	0	3
3	0	0	0	3
3	0	0	0	3
3	3	3	3	3

2				

b)

	4		4	
	2		2	
4	2	0	2	4
	2		2	
	4		4	

1		1		1
1		3		1
1		3		1
1		1		1

c) Beschreibe, wie du die Aufgaben gelöst hast.

Würfelbauten

1 Welche der Figuren A, B und C passt so in die unteren Würfelbauten, dass ein Quader entsteht? Kreuze an.

A
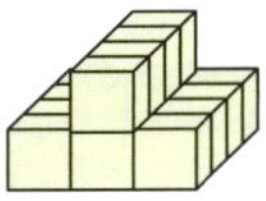

B
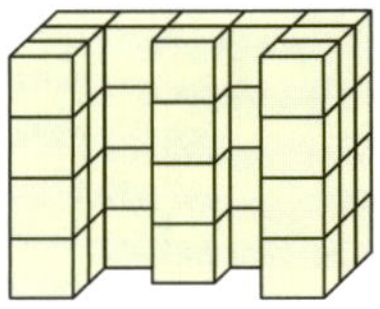

C
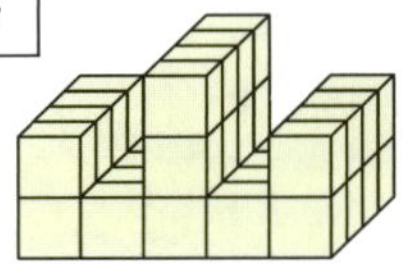

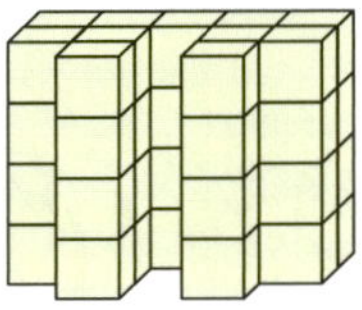

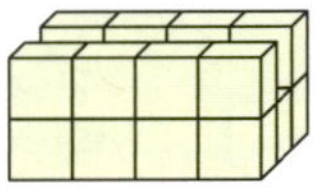

A	B	C	A	B	C	A	B	C	A	B	C

2 Bestimme die Anzahl der einzelnen Würfel. Wie hast du gerechnet?

a)
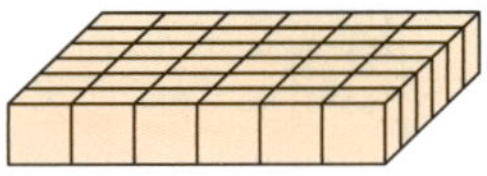

b)

c)

d)
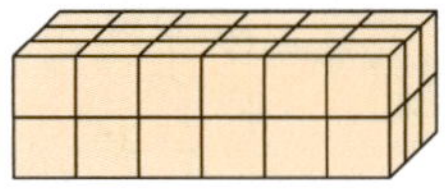

3 Lexi hat jede Seitenfläche von 8 kleinen Würfeln mit einem roten Punkt beklebt. Aus diesen 8 Würfeln hat er unterschiedliche Gebäude gebaut.

a) Bestimme die Anzahl der außen liegenden roten Punkte.

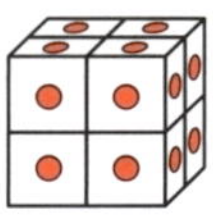

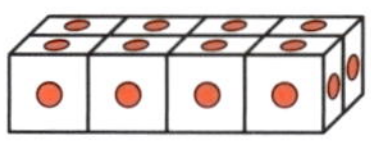

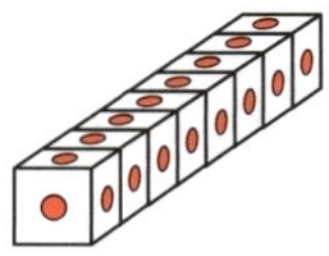

b) Welche der Sätze sind wahr, welche falsch? Kreuze an.

	wahr	falsch
Bei der würfelförmigen Figur liegen am wenigsten Punkte außen.	☐	☐
Bei einem der Quader liegen am wenigsten Punkte außen.	☐	☐
Bei dem Quader mit der langen Seite liegen am meisten Punkte außen.	☐	☐

c) Suche das Gebäude aus 64 Würfeln, bei dem am wenigsten Punkte außen liegen. Zeichne den Bauplan dieses Gebäudes in dein Heft.

Würfelnetze, Würfelgitter

1 Lexi behauptet, er könne die unten liegende Augenzahl eines Spielwürfels erraten. Was meinst du dazu?

___

___

___

2 Ergänze die fehlenden Augenzahlen in den Würfelnetzen.

a) b) c) d)

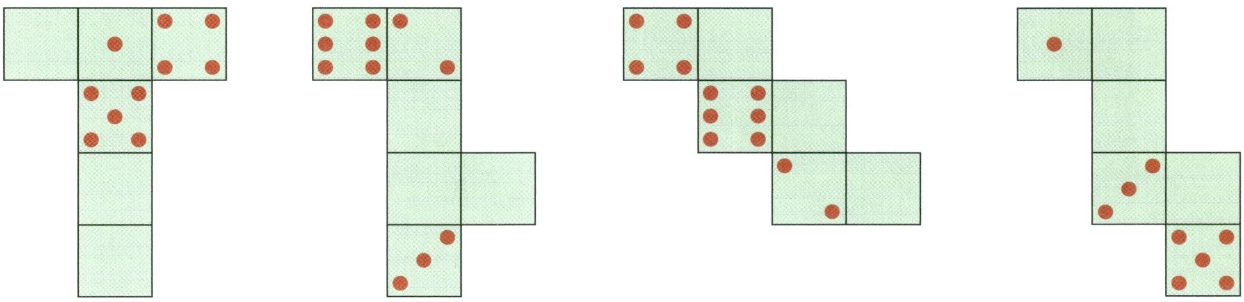

3 Aus Knetkügelchen und Zahnstochern lassen sich Kantenmodelle eines Würfels herstellen.
Ergänze die Tabelle.

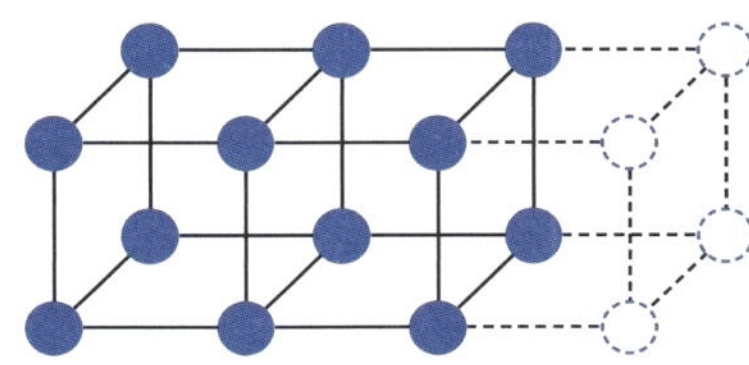

Anzahl der Würfel	1	2	3	4	6	8	12
Anzahl der Kügelchen							
Anzahl der Zahnstocher							

4 Mehrere Kantenmodelle eines Würfels wurden so miteinander verbunden, dass ein Quader entsteht.
a) Betrachte den Quader und fülle die Lücken im Text aus.

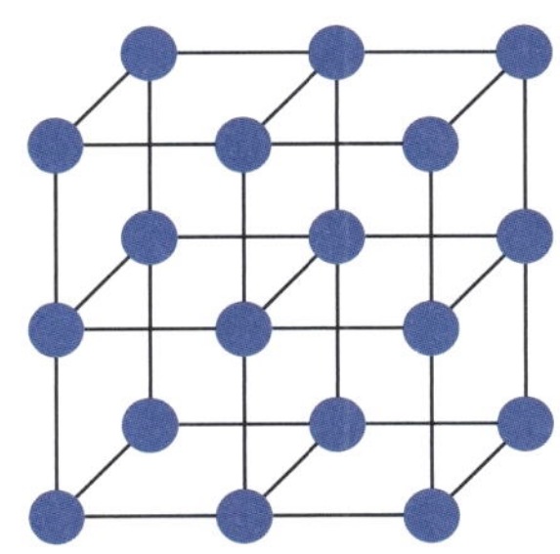

Der Quader besteht aus ______ Würfeln. Zur Herstellung wurden ______ Kügelchen und ______ Zahnstocher benötigt.

b) Wie viele Kügelchen und Zahnstocher werden benötigt, um den Quader zu einem kleinstmöglichen Würfel zu erweitern?

___

___

___

Flächen am Geobrett

1 Auf einem Geobrett sind 9 Nägel in jeweils gleichem Abstand zueinander angeordnet. Jeder Nagel wird mit einem Buchstaben bezeichnet. Spannt man einen Gummiring um die Nägel, kann man jeweils eine Fläche darstellen.

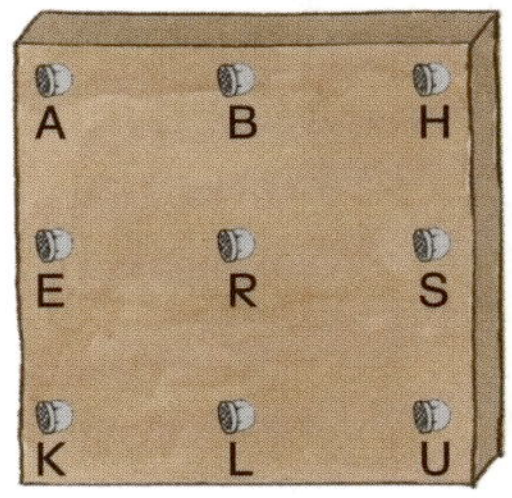

a) Welche Flächen werden dargestellt?

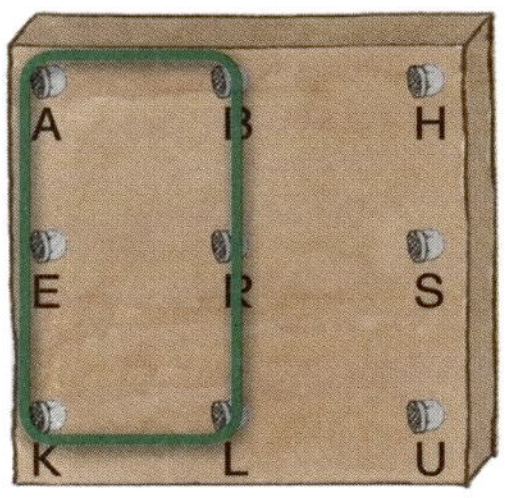

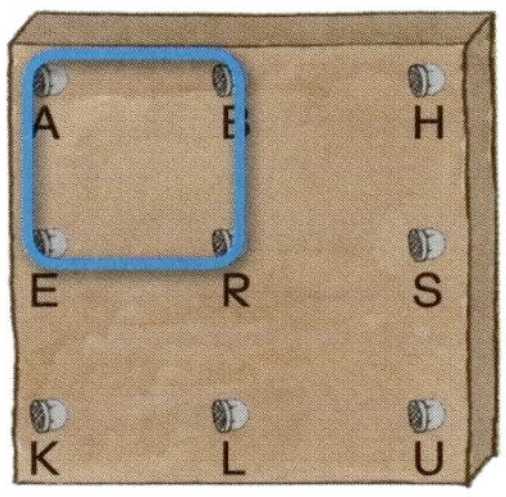

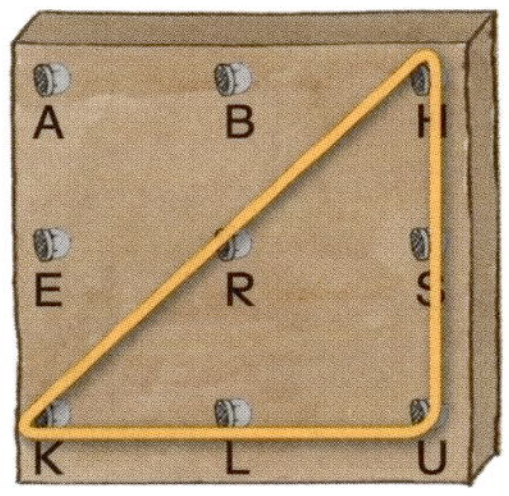

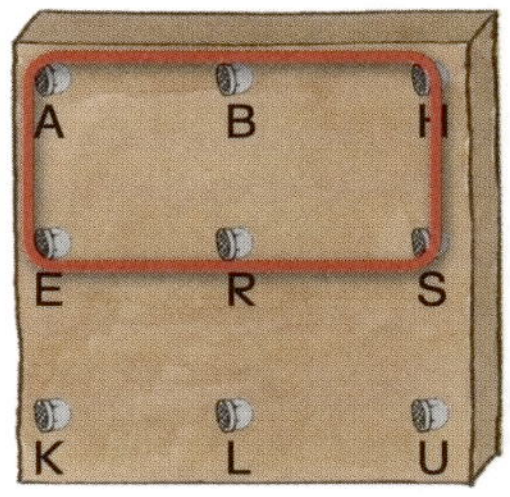

Rechteck	______	______	______
KALB	______	______	______

b) Färbe die Wörter, deren Buchstaben die Eckpunkte eines Rechtecks, Quadrats oder Dreiecks sind.

LAUS	REH	ELBA	SAU	KERL

2 Bei welchen Flächen handelt es sich um Rechtecke? Kreuze an.

a) HULB ☐ b) BASE ☐ c) LEHA ☐ d) SEKU ☐ e) HUKE ☐

3 Notiere mithilfe der Buchstaben an den Eckpunkten alle Möglichkeiten, ein Quadrat darzustellen.

______ ______ ______ ______ ______ ______

4 Die Buchstaben ABE bilden die Eckpunkte eines Dreiecks. Finde weitere Dreiecke mit derselben Größe und schreibe sie auf.

BAE ______ ______ ______ ______ ______ ______ ______

______ ______ ______ ______ ______ ______ ______ ______

5 Immer 3 Flächen sind gleich groß. Ordne den farbigen Kärtchen jeweils zwei weitere Kärtchen zu, indem du sie in der gleichen Farbe ausmalst.

BES	SULE	BELS	ABRUK	BREKUH
BAELUS	KERL	REBSL	SULEB	KUSE
RUK	AKU	HAERU	LEARS	KAHUR

Streckenzüge und Flächen

1 Auf einem Karofeld werden 16 Punkte mit Buchstaben bezeichnet. Verbindet man die Punkte in der angegebenen Reihenfolge der Buchstaben, entsteht ein Streckenzug, der eine Fläche umschließt.

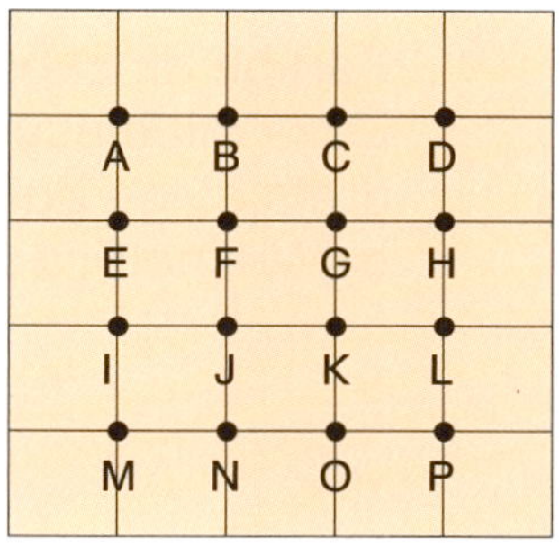

a) Zeichne den angegebenen Streckenzug und notiere die so entstandene Fläche.

Streckenzug **B D P N B**

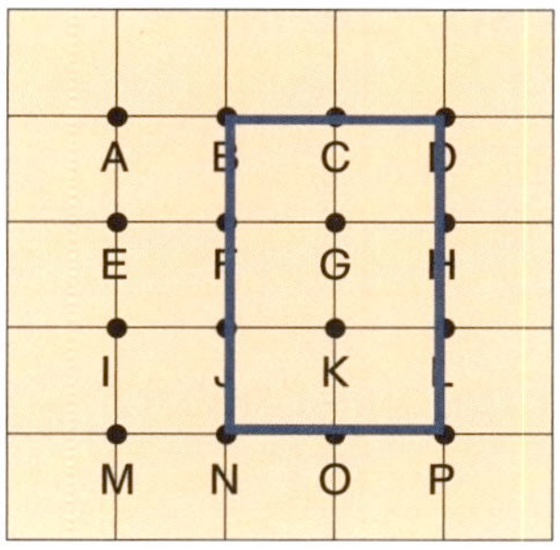

____

Streckenzug **E B L O E**

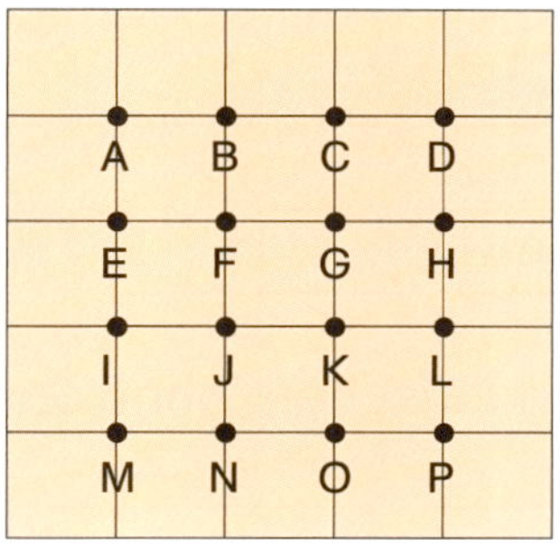

____

Streckenzug **C L N E C**

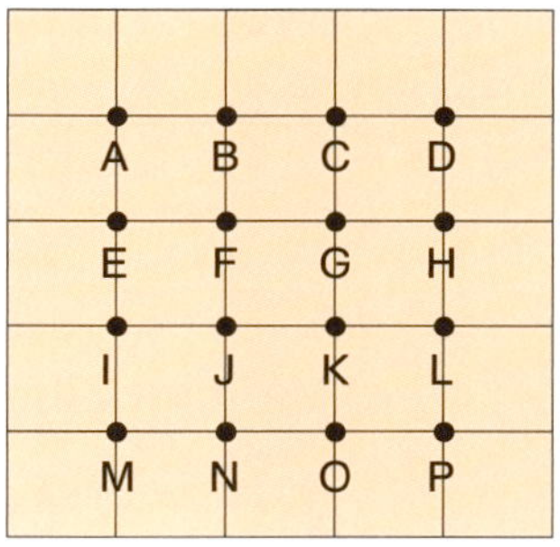

____

b) Kennzeichne in den entstandenen Flächen alle zueinander senkrechten Linien mit ⊾.
c) Färbe in jeder Figur die zueinander parallelen Linien in derselben Farbe.

2 Die Linie M P ist eine Seitenlinie eines Dreiecks.

a) Ergänze die Buchstaben der Streckenzüge so, dass Dreiecke mit rechtem Winkel entstehen.

M P ___ M   M P ___ M   M P ___ M
M P ___ M   M P ___ M   M P ___ M

b) Ergänze die Buchstaben der Streckenzüge so, dass unterschiedliche Dreiecke ohne rechten Winkel entstehen.

M P ___ M   M P ___ M   M P ___ M
M P ___ M   M P ___ M   M P ___ M

3 Finde möglichst viele Streckenzüge, die

a) Dreiecke mit zwei gleich langen Seiten
b) Dreiecke mit einem rechten Winkel
c) Rechtecke
d) Quadrate

zeigen.

Weiterführendes Rechnen

Schriftliches Addieren

1 Fertige dir zuerst folgende Ziffernkarten an. Lege mit diesen Ziffernkarten zwei dreistellige Zahlen und addiere sie.

1 9 5 2 4 7

a) Wie heißt das größtmögliche Ergebnis?

b) Worauf achtest du beim Legen der Karten für die Additionsaufgaben?

____

____

____

c) Welche Ziffern kann man tauschen, ohne dass sich das Ergebnis ändert?

____

____

d) Lege mit diesen Karten Additionsaufgaben, sodass die Summe möglichst klein ist. Findest du 4 Aufgaben, bei denen die Summanden verschieden sind?

2 Lege die folgenden Aufgaben zuerst mit den Ziffernkarten. Benutze bei jeder Aufgabe jede Ziffer nur einmal. Fülle die Lücken aus.

0 1 2 3 4 5 6 7 8 9

a)	b)	c)	d)
4 6 7	2 4 6	☐ ☐ ☐	☐ 1 9
+ 5 1 3	+ ☐ ☐ ☐	+ 1 7 3	+ 5 ☐ 7
☐ ☐ 0	8 3 7	4 5 9	8 4 6

3 Lege und schreibe Aufgaben zu diesen Ergebnissen. Benutze jede Karte nur einmal.

a)	b)	c)	d)	e)
☐ ☐ ☐	☐ ☐ ☐	☐ ☐ ☐	☐ ☐ ☐	☐ ☐ ☐
+ ☐ ☐ ☐	+ ☐ ☐ ☐	+ ☐ ☐ ☐	+ ☐ ☐ ☐	+ ☐ ☐ ☐
6 7 5	9 7 0	8 0 1	8 0 1	8 0 1

Schriftliches Subtrahieren, Palindromzahlen

1 1 2 3 4 5 6 7 8 9

Rechne mehrere Beispiele.

Erkennst du den „Zaubertrick“? Betrachte die Ziffern deiner Ergebniszahlen.

2 Bilde aus den Ziffern der Ergebnisse wieder die größte und kleinste mögliche Zahl. Berechne den Unterschied. Rechne immer weiter.

Was fällt dir auf?

Magische Quadrate

1 Die Zahlen in jeder Zeile, in jeder Spalte und entlang der Diagonalen ergeben die gleiche Summe, die „magische Zahl".

Vom Rechenmeister Adam Riese stammt ein „Rezept" für das Erstellen eines magischen Quadrates mit der magischen Zahl 15:

> Setze die Zahlen von 1 bis 9 so in das Quadrat ein, wie in Abb. 1 angegeben. Vertausche dann die 2 und die 8 (siehe Abb. 2) und du erhältst überall die Summe 15.

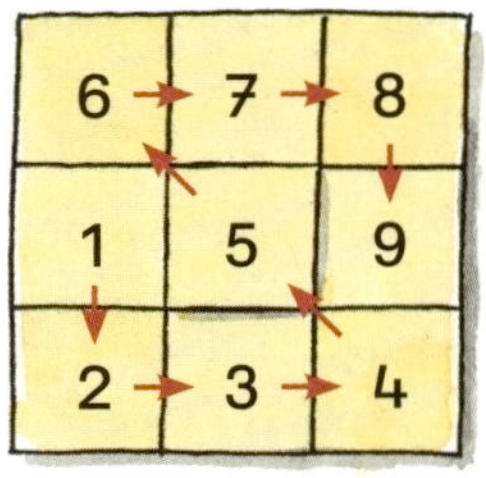

Abbildung 1

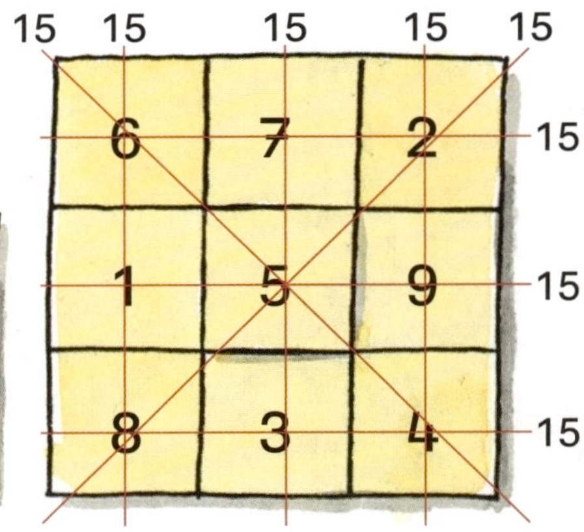

Abbildung 2
magisches Quadrat

2

Abbildung 1

Abbildung 2

Wende das Rezept von Adam Riese auf die Zahlen 2, 3, 4, 5, 6, 7, 8, 9, 10 an.
Welche magische Zahl erhältst du?

magische Zahl: ____

3 Kann man immer mit 9 aufeinander folgenden Zahlen nach dem „Rezept" von Adam Riese ein magisches Quadrat aufbauen? Probiere mehrere Beispiele aus. Trage die fertigen magischen Quadrate hier ein.

magische Zahl: ____

magische Zahl: ____

magische Zahl: ____

magische Zahl: ____

4 Vergleiche die magischen Zahlen mit den Zahlen in der Mitte der jeweiligen magischen Quadrate. Was fällt dir auf?

____

____

____

____

Magische Quadrate

1 Überlege zuerst, wie die magische Zahl heißt. Ergänze dann zu magischen Quadraten.

	12	
	10	
13		9

magische Zahl: ____

		10
9	13	

magische Zahl: ____

	15	

magische Zahl: ____

31		
		29

magische Zahl: ____

2 a) Versuche magische Quadrate mit den angegebenen magischen Zahlen zu erstellen:

magische Zahl: 60

magische Zahl: 75

magische Zahl: 61

magische Zahl: 54

b) Warum findest du in einem Fall keine Lösung?

____

3 Suche dir neun Zahlen aus der Hundertertafel, die entweder in einer Reihe, in einer Spalte oder in einer Diagonalen liegen. Versuche damit nach dem Rezept von Adam Riese ein magisches Quadrat zu erstellen.

magische Zahl: ____

magische Zahl: ____

magische Zahl: ____

magische Zahl: ____

4 Notiere zur Mittelzahl 45 magische Quadrate. Denke an die Hundertertafel.

magische Zahl: ____

magische Zahl: ____

magische Zahl: ____

magische Zahl: ____

Rechnen in Zahlengittern

1 Vervollständige die folgenden Zahlengitter. Addiere jeweils nach rechts und nach unten.

a) + 10 (nach rechts), + 100 (nach unten)

Startzahl: 0 – Mittelzahl – Zielzahl: 220 – Eckzahl: 200

0	10	20
100		
200		220

b) + 250 (nach rechts), + 20 (nach unten)

0		
		540

c) + 95 (nach rechts), + 25 (nach unten)

0		

2 Berechne nur die Mittelzahl.

+ 80 (nach rechts), + 90 (nach unten)

0		

3 Berechne die Zielzahl geschickt.

+ 65 (nach rechts), + 105 (nach unten)

0		

4 Finde weitere Zahlengitter zur Zielzahl 340. Starte bei 0.

5 Fülle aus.

a) ____ (nach rechts), ____ (nach unten)

0		
	200	
40		

b) ____ (nach rechts), ____ (nach unten)

0		
		290
		500

6 Du hast nur die Startzahl 0 und die Mittelzahl 180. Kannst du aus diesen beiden Angaben zwei unterschiedliche Zahlengitter aufstellen?

Texte verstehen

1 Eine Grundschule hat die Schülerzahlen in einer Tabelle notiert. Die Kinder haben dazu Aufgaben formuliert. Der Text ist nicht lesbar, nur die Ergebnisse oder Rechnungen sind sichtbar.

	Klasse 1	Klasse 2	Klasse 3	Klasse 4
Jungen	13	8	16	12
Mädchen	14	15	12	12

a) Notiere in Sätzen, welche Angaben jeweils berechnet wurden.

A: Es wurde die Anzahl der … ______________________________

B: ______________________________

C: ______________________________

D: ______________________________

E: ______________________________

F: ______________________________

b) Finde weitere Berechnungen, die interessieren könnten. Notiere sie im Heft.

2

> Es ist ein heißer Sommertag.
> Das Thermometer zeigt 28°C. Mama und Papa beschließen mit mir und meinem Bruder ins 4km entfernte Freibad zu fahren. Bei einer Wassertemperatur von 22°C versprechen wir uns eine echte Abkühlung. Ein Schild an der Kasse informiert uns darüber, dass der Eintrittspreis für Erwachsene 3,50€ beträgt. Kinder bezahlen die Hälfte. Es gibt aber auch eine Familien-Tageskarte für 10€.

a) Überlege dir eine sinnvolle Aufgabe.

____

____

____

b) Rechne und notiere die Antwort:

____

____

____

3 Beim Lösen der Aufgaben 1 und 2 traten unterschiedliche Schwierigkeiten auf.

Was war für dich bei Aufgabe 1 besonders schwierig?

____

____

____

____

Was war für dich bei Aufgabe 2 besonders schwierig?

____

____

____

____

Skizzen als Lösungshilfe

1 In den Texten fehlen wichtige Angaben. Bestimme sie durch geschicktes Überlegen und Kopfrechnen. Denke an Skizzen, du darfst dabei auch in die Bilder zeichnen.

Die Mülltone ist ungefähr ____ m hoch. Sie ist oben ungefähr ____ m breit. Unten ist sie etwa ____ m breit.

Ein Auto ist ungefähr 2 m breit.
Das Schiff hat eine Breite von ungefähr ____ m.

Am Ende einer Musikprojekt-Woche stellen sich die Kinder einer Schule zu einer Riesengitarre zusammen. Waren es

- ○ etwa 50 Kinder
- ○ etwa 180 Kinder
- ○ etwa 320 Kinder?

2 Ein Kind lässt aus 12 m Höhe einen kleinen Gummiball auf den ebenen Boden fallen. Nach jedem Aufprall springt der Ball nur halb so hoch.

a) Wie hoch springt der Ball nach dem 3. Aufprall?

b) Nach dem wie vielten Aufprall springt der Ball erstmals weniger als $\frac{1}{2}$ m hoch?

3 a) Lies zuerst beide Aufgaben gründlich durch. Löse dann zuerst die Aufgabe, welche dir einfacher erscheint. Fertige dir jeweils eine Skizze.

A

Für einen Dada erhält man 7 Dede. Einen Dede kann man gegen 3 Didi eintauschen. Wie viele Didi erhält man für 3 Dada?

B

In einem Paket sind 7 Schachteln. In jeder Schachtel sind 3 Kugeln. Wie viele Kugeln sind in 3 Paketen?

b) Wahrscheinlich erschien dir die Aufgabe „A“ schwieriger. Weshalb?

c) Vergleiche deine beiden Skizzen. Was fällt dir auf?

Sachaufgaben: Lesen, verstehen, mathematisieren

1

a) Schau dir die Angebote der beiden Geschäfte kurz an. Was meinst du dazu?

b) In welchem der beiden Geschäfte kannst du am preiswertesten 10 Berliner kaufen? Bist du dir bei deiner Antwort ganz sicher?

c)

d) Berechne jeweils die preisgünstigste Möglichkeit Berliner zu kaufen. Erkläre kurz.

Stück	Preis	Erklärungen
4		
6		
7		
8		
9		
11	6,80 €	3 · 3 Berliner (Bäckerei Maier) und 2 Berliner (Bäckerei Senn)

Sachaufgaben: Lesen, verstehen, mathematisieren

Ob alt, ob jung, ob groß, ob klein, der Rodelspaß muss sein.

Preise

	Einzelfahrt	6er-Block	10er-Block
Kinder bis 14 Jahre	1,50 €	7,50 €	12,00 €
Erwachsene	2,50 €	12,50 €	19,00 €

Kinder unter 10 Jahren dürfen nur in Begleitung eines Erwachsenen fahren. 6er- und 10er-Blocks dürfen auch von mehreren Personen benutzt werden.

Gruppen (ab 15 Personen)

Erwachsene	1,50 € pro Fahrt
Schulklassen (bis 17 Jahre) pro Person	1,00 € pro Fahrt
Kinder bis 14 Jahre	1,00 € pro Fahrt

Kindergeburtstagshit (ab 5 Kinder)
Das Geburtstagskind laden wir ein.
Alle Begleiter zahlen den Gruppenpreis.

1 Anke besucht die 3. Klasse der Grundschule. Sie möchte am Wochenende mit ihren Eltern, dem jüngeren Bruder und ihrer 10 Jahre älteren Schwester zur Sommerrodelbahn gehen. Sie überlegt sich, wie viel es zusammen kostet, wenn jeder 3 mal die Bahn benutzt.

Anke notiert sich

Kosten für eine Fahrt

Eltern	2 · 2,50 €	5,00 €
Schwester	1 · 2,50 €	2,50 €
Kinder		

Setze Ankes Rechnung im Heft fort und notiere das Ergebnis.

3 mal Rodelbahn fahren kostet nach Ankes Rechnung ______ €.

2 Am Abend kommt Ankes Schwester Katja von der Arbeit nach Hause und rechnet ebenfalls. Katja sagt: „Das geht aber noch günstiger und ich hätte sogar noch eine Extrafahrt“.

____

____

____

3 Ankes jüngerer Bruder Max geht in die 2. Klasse. Er überlegt, zu seinem Geburtstag Klassenkameraden auf die Rodelbahn als Gäste einzuladen. Max sagt: „Wir wären dann 8 Kinder. Das würde pro Fahrt nur 8 Euro kosten.“ Anke zweifelt.

____

____

4 Formuliert für euren Partner weitere Aufgaben, bei denen er jeweils die günstigste Fahrtmöglichkeit berechnen muss. Wechselt euch ab.

Denken und knobeln

1 Möglich oder unmöglich?

a) In einem Sportwettbewerb lief ein Sprinter 100 m in 12 s. Ein Zuschauer meint: „Dann benötigt er für einen Kilometer nur 2 Minuten.“

b) Ein Bus fährt morgens leer zur ersten Haltestelle. Dort steigen 27 Personen ein. An der 2. Haltestelle steigen 14 Personen aus und 5 Personen ein. An Station 3 steigt niemand zu, aber 20 Personen aus. An der Station 4 steigt niemand aus, aber 16 Leute ein. Wie viele Fahrgäste sind jetzt im Bus?

c) Man kann die Zahlen 1 bis 8 so an den Ecken eines Würfels eintragen, dass die Summe an allen Flächen gleich groß ist.

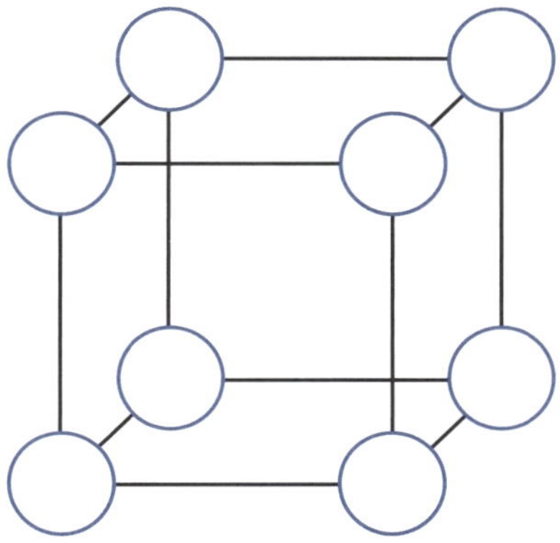

2 Ein Teichliebhaber pflanzte in seinen Teich Seerosen. Sie entwickelten sich so prächtig, dass sie sich von Tag zu Tag verdoppelten. Nach 20 Tagen hatten sie den Teich völlig bedeckt. Wann hatten die Seerosen den Teich halb bedeckt? Wann war der vierte Teil der Fläche bedeckt?

3 Das Matratzenlager in einer Berghütte ist voll belegt. Jeder hat einen 80 cm breiten Liegeplatz. Spät am Abend kommen 2 weitere Personen hinzu. Alle rücken zusammen. Jeder hat jetzt nur noch einen 60 cm breiten Liegeplatz. Wie viele Personen sind im Raum?

Daten, Häufigkeit, Wahrscheinlichkeit

Daten erfassen und darstellen

1 Nach Auskunft der Parkverwaltung leben in einem Tierpark etwa 110 verschiedene Wildtiere. An einem Sommertag reisen 120 Besucher des Tierparks mit dem Bus und 70 Gäste mit der Bahn an. Die Anzahl der Besucher, die mit dem Pkw kommen, ist halb so groß wie die Anzahl der Busreisenden. Weitere 40 Gäste reisen mit dem Fahrrad an.

a) Trage die Angaben in die Tabelle ein.

Anreise mit				Gesamtzahl der Besucher
Bus			Fahrrad	

b) Stelle die Ergebnisse in einem Diagramm dar (1 Kästchenlänge für 10 Personen).

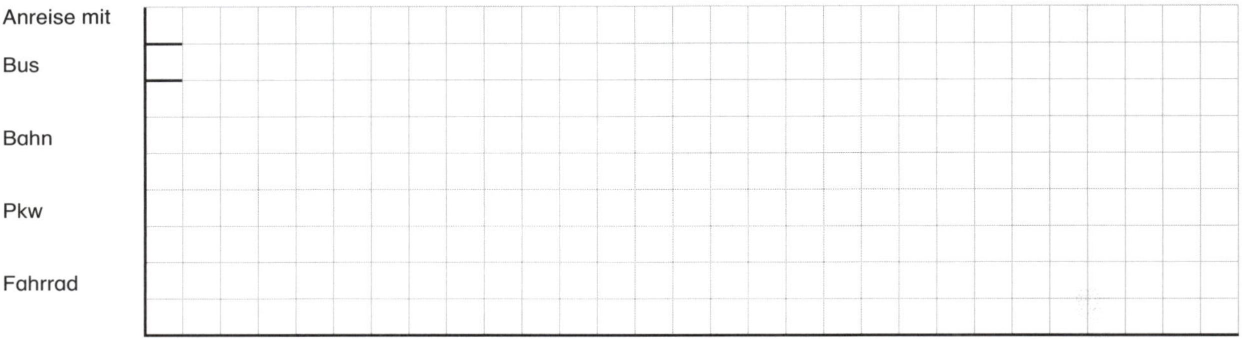

2 Im Tierpark gibt es einen großen Baumbestand.
a) Im Schaubild kannst du die Anzahl der verschiedenen Arten ablesen. Trage ein.

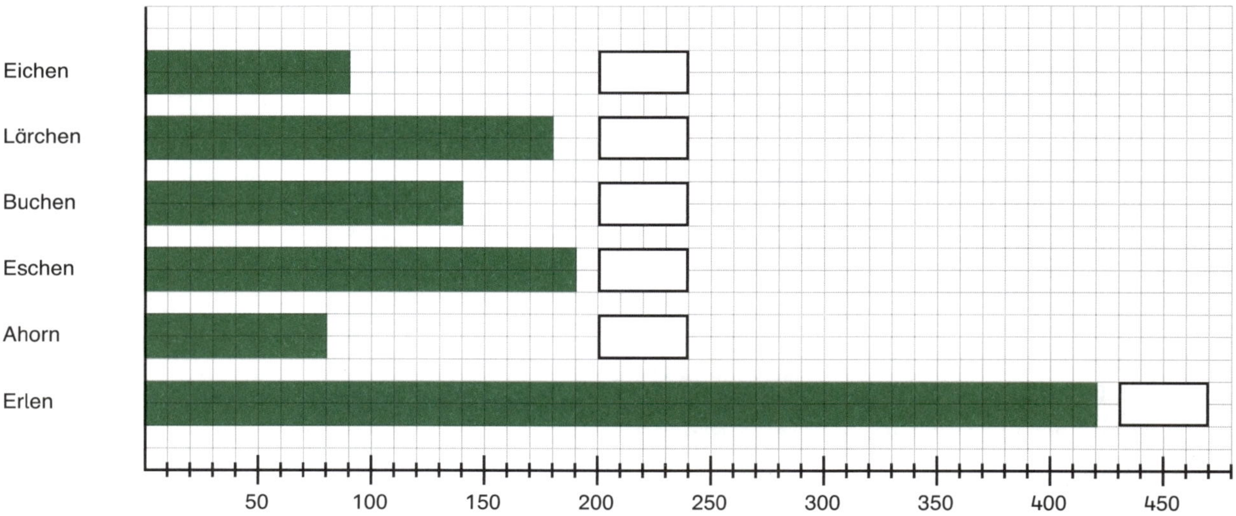

b) Überprüfe mithilfe des Schaubilds. Kreuze die zutreffenden Aussagen an.

- ☐ Eichen kommen am seltensten im Park vor.
- ☐ Es sind dreimal so viele Erlen wie Buchen.
- ☐ Buchen und Erlen zusammen bilden mehr als die Hälfte des gesamten Baumbestandes.
- ☐ Eichen, Lärchen und Buchen zusammen sind genau so häufig wie die Erlen.

Wahrscheinlichkeit

1 21 gewinnt.

Probiert das Spiel aus.

Spielregel:
Jeder Spieler kann mehrmals hintereinander würfeln. Nach jedem Wurf entscheidet er, ob er noch weiterwürfelt. Die Punkte werden addiert. Sieger ist, wer die 21 erreicht oder möglichst nah dran kommt. Wer 21 überschreitet, hat verloren.

2 Linus, Luca, Leo und Lena haben „21 gewinnt" gespielt.

	Gewürfelte Zahlen					Summe
Linus	3	5	6	6		
Luca	5	5	4	2	6	
Lena	4	4	3	6	2	
Leo	1	2	6	5	4	

Sieger ist: ____________________

3 Würdest du weiterspielen? Begründe.

a) Lena würfelt: 6, 6, 5, 3

____

Luca würfelt: 6, 5, 6

____

b) Bei welcher Summe würdest du nicht mehr weiterwürfeln?

____

4

A B

Die Kinder werfen mit Klettbällen auf Zielscheiben. Welche Aussagen sind wahr? Kreuze an.

- Gelb kommt bei beiden Scheiben gleich oft. ☐
- Rot kommt bei beiden Scheiben gleich oft. ☐
- Bei Scheibe A kommt Blau öfter als bei B. ☐
- Bei Scheibe B kommt Blau öfter als Rot. ☐

5 Male jede dieser Zielscheiben mit den Farben rot, blau und gelb passend an.

a)

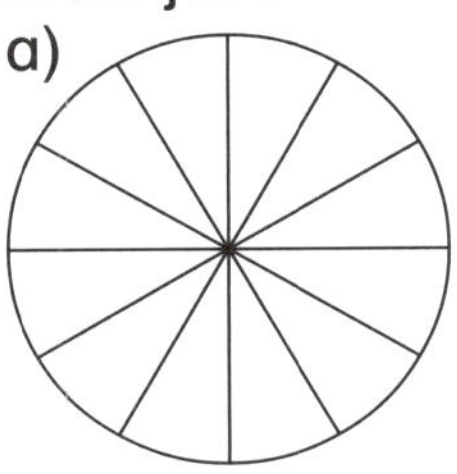

Alle Farben kommen gleich oft.

b)

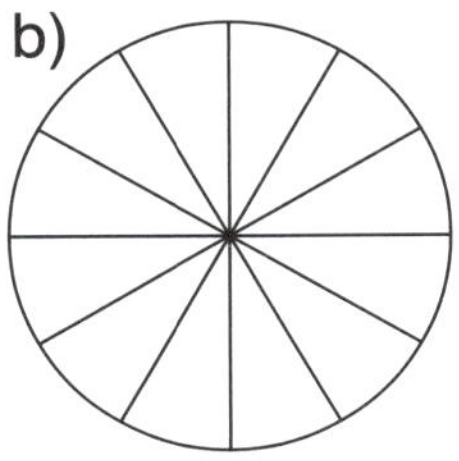

Rot kommt doppelt so oft wie Blau.

c)

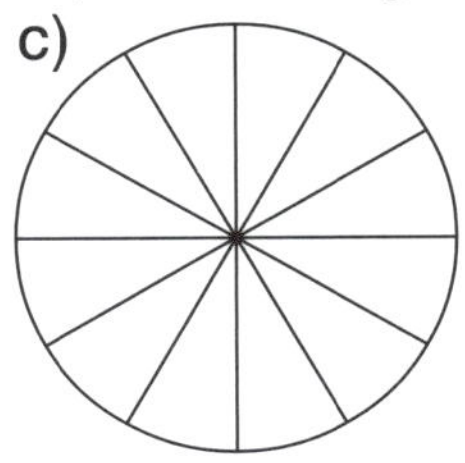

Gelb kommt am häufigsten.

d)

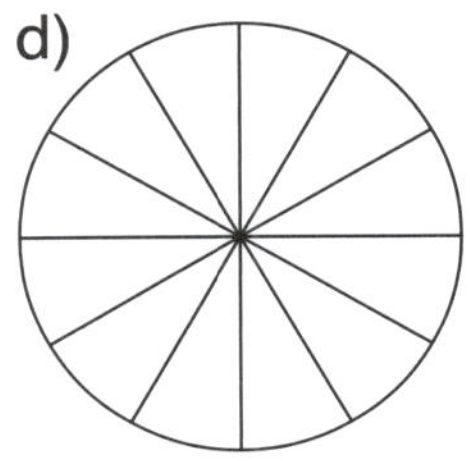

Blau und Rot kommen gleich oft.

6

In einer undurchsichtigen Dose sind 3 rote, 3 blaue und 3 gelbe Bausteine. Es wird ein Stein nach dem anderen herausgeholt.

a) Wie viele Steine muss man mindestens herausnehmen, bis man sicher einen blauen Stein in der Hand hat? ____

b) Wie viele Steine muss man mindestens herausnehmen, bis man sicher zwei Steine mit der gleichen Farbe hat? ____

c) Wie viele Steine muss man mindestens herausnehmen, bis man sicher drei gleichfarbige Steine hat? ____

Verschiedene Kombinationen

1 Jana soll für ihren Klassenausflug nur einen Rock, eine Jeans, einen Pulli, ein T-Shirt und eine Bluse mitnehmen. Sie klagt darüber, dass dies zu wenige Sachen zum Anziehen sind. Ihre Mutter erwidert: „Du hast so viele Möglichkeiten, deine Kleidung zu kombinieren. Das reicht für mehr als 4 Tage.“
Wie viele Kombinationen sind möglich?
Male die verschiedenen Möglichkeiten ins Heft.
Du kannst auch im Bild die verschiedenen Möglichkeiten einzeichnen.
Verbinde dazu die Kleidungsstücke, die kombiniert werden können.

Es gibt _______ Möglichkeiten, die Kleidung zu kombinieren.

2 Jana möchte noch gerne ihre Cordhose und ihr Sweat-Shirt mitnehmen. Wie viele Kombinationsmöglichkeiten hat sie jetzt?

	Pulli			
Rock	x			
Jeans				

Ergänze dazu die Tabelle und kreuze alle Möglichkeiten an.
Es gibt _______ Möglichkeiten.

3 Die Klasse übernachtet in der Jugendherberge. Dort wird folgende Menüauswahl angeboten. Stelle die verschiedenen Möglichkeiten in einer Tabelle dar.

Es gibt _______ Möglichkeiten.

4 Zum Frühstück bietet die Jugendherberge an:

Brötchen, Vollkornbrötchen, Toastbrot
als Brotaufstrich oder Brotbelag:
Marmelade, Honig, Wurst, Käse

a) Wie viele Möglichkeiten zum Kombinieren gibt es? _______________

b) Kannst du die Anzahl der Möglichkeiten durch Rechnen bestimmen?
Rechnung: _______________

Verschiedene Kombinationen

1 Beim Tischtennis-Turnier treten die beiden besten Spieler der Klassen 3a und 3b gegeneinander an. Jeder spielt gegen jeden. Wie viele Spiele finden statt?

Wer hat recht? Wie sieht dein Lösungsweg aus?

____

2 Arne (A) hat zu seinem Geburtstag Bea (B), Chris (C), Dieter (D) und Elena (E) eingeladen. Zur Begrüßung gibt jedes Kind dem anderen die Hand.

a) Wie oft werden dabei gegenseitig die Hände geschüttelt?

Arne (A)

Bea Chris Dieter Elena

Bea (B)

C

C

D

E

Wie hast du gerechnet? ______________________________

b) Später kommen noch Felixa und Göran dazu. Wie oft werden die Hände geschüttelt, bis sich alle Kinder begrüßt haben?

Logisch denken

1 Ergänze jeweils die fehlenden Figuren.

a) 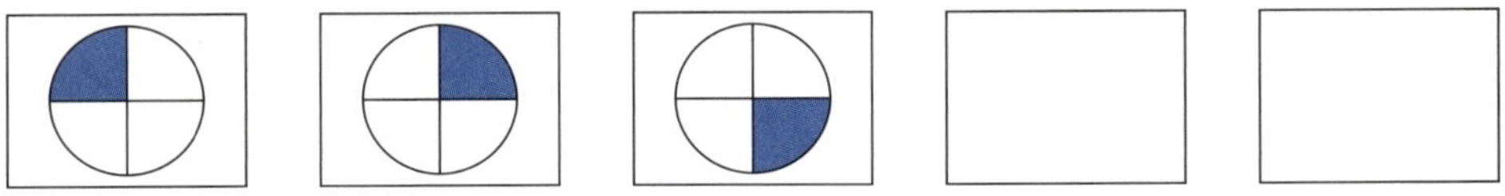

b) 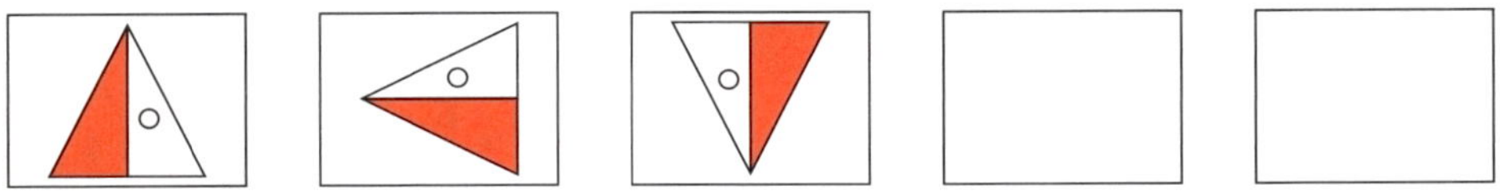

c) 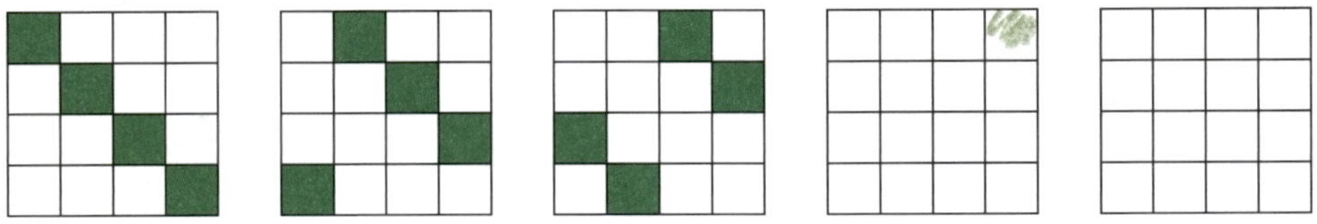

2 Welches ist das Spiegelbild? Kreuze an.

a)
b)
c)

3 Was passt nicht? Kreuze an und begründe.

a) 

____

b) 

____

4 Was passt nicht? Streiche den entsprechenden Begriff durch und begründe.

a) Schneeglöckchen, Tulpe, Krokus, Sonnenblume ______________________________

b) Eiche, Buche, Fichte, Birke ______________________________

c) Hafer, Gerste, Weizen, Reis ______________________________

d) Bohnen, Erbsen, Linsen, Möhren ______________________________